藏在身边的自然博物馆

植物馆

李青为 主编

张颖 著

宋瑶 刘正一
王安雨 高佳乐 绘

 在 郊 外

童趣出版有限公司编　人民邮电出版社出版
北　京

序言

中国科学院院士致小读者

　　人类文明的产生和延续离不开植物，植物是人类社会存在与发展的根基。从古至今，人们的衣食住行、生产生活与植物息息相关。本套丛书从不同角度描绘了人们身边的植物，把"在客厅、在厨房、在郊外、在身上"的相关植物追根溯源，并以温暖的手绘图画的形式呈现给小读者们。

　　书中"观察笔记"也是不可或缺的部分，在传播知识的同时，作者充分考虑到孩子们喜欢动手探究的特点，把动手实践环节融入其中，增加了本书的科学性和趣味性。

　　本套丛书以孩子们喜爱的方式展示了生活中形形色色的植物，在突出科学性的同时兼顾了艺术性，是一套值得小读者阅读的科普读物。

　　曾经和一位朋友在微信里聊天，我把喜欢的植物照片与他分享，他笑言："看来植物都差不多，因为都是绿色的。"我想可能大部分不了解植物的朋友都会有类似的感觉，但如果你停下脚步，仔细观察身边的植物，就会发现它们的千姿百态，就能发现一个不一样的世界。

　　植物的世界是丰富多彩的。有的植物的叶状体（即无真正的根、茎、叶分化的植物体）大约只有1毫米宽，比如芜萍；有的植物叶片直径能超过2米，如王莲；有的植物花香悠远，如九里香；有的植物花朵臭不可闻，如巨魔芋；有的植物可以高达百米，如巨杉；有的植物只能贴着地面长大，如葫芦藓。

　　植物的世界是充满智慧的。在漫长的演化过程中，猪笼草叶片的前端长出了一个"捕虫笼"，笼口的蜜露是虫子致命的诱饵，如果不小心掉下去就会被消化得只剩躯壳；酢浆草在公园里很常见，细心的朋友会发现，当果荚成熟后只要有一点儿外力，里面的种子就被弹出去很远，这是酢浆草妈妈为孩子能有更广阔的空间而做出的努力；还有石榴，红红的果实是鸟儿无法抵御的诱惑，易消化的果肉给鸟儿提供了营养，而种子却完好无损地随粪便排出，这些粪便为种子萌发提供了上好的肥料；还有各种"诡计多端"的兰花，为了传宗接代把昆虫骗得团团转……

植物的世界是异常残酷的。绞杀榕的种子有可能被鸟儿带到大树上，一开始长得很慢，但等到它的根接触到大地后一切就已经注定。无数逐渐增粗的根限制了附生大树的生长空间，枝叶几乎遮盖了所有阳光，若干年后被攀附的大树消失，绞杀榕取而代之……菟丝子则更加直接，种子在土中萌发，遇到寄主则缠绕而上，茎上长出"吸器"，直接吸取寄主的水分和养分；还有植物界的"杀手"紫茎泽兰，凭着巨大的后代数量与神秘的化感物质，摧枯拉朽般抢占着土地。而这些，只是看上去平淡无奇的绿色世界中小小的插曲。

植物的世界与人类是息息相关的。小朋友们，你们知道吗，我们呼吸的每一口气，都含有植物光合作用产生的氧气；吃下去的每一口饭，都直接或间接来自植物；甚至身上穿的衣服都有可能来源于植物。大自然孕育了我们，当我们沐浴在温暖的阳光下尽情游戏的时候，是否想过要多认识一下身边不起眼的花花草草，多认识一下这个亿万年来陪伴着我们的神奇世界？

需要特别说明的是，本书涉及植物分类信息参考 APG IV 系统、多识植物百科网与 iPlant.cn 植物智平台。本书编纂完成耗时近三年，因百科知识复杂，有精选的讨论，有表达的讨论，也有排版的讨论等诸多有深度、有创意的讨论。尽管做了很多，但还有很多不足之处，敬请各位同行和读者指正。

我把这套书献给对世界充满好奇和热爱的孩子们。快来吧！走进这座大自然的博物馆，这里有很多秘密等待我们去探索哟！

李青为

中国科学院植物研究所北京植物园

目录

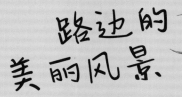

路边的美丽风景

　　春夏季节最适合到户外去，认一认路边渐渐苏醒的花花草草，拥抱明媚的阳光。瞧，长着心形叶子、开着黄色小花的是苘（qǐng）麻；长着心形小果实的是营养价值很高的荠菜；还有花色众多的牵牛花永远也看不厌；长着毛茸茸小穗的是生命力极强的狗尾草，还记得小米的祖先吗？就是它了……这些花花草草适应能力非常强，就像一个个不挑食的小孩子，长得又壮又漂亮。然而人类活动却间接地使一些野生植物遭到破坏甚至濒临灭绝，我们一定要爱护这些对生态平衡十分重要的小生命哟！

一个"孩子"一把伞

蒲公英，木兰纲，菊科，蒲公英属；草本

　　"绒毛轻又轻，飞舞像伞兵。随风到处飘，安家把根生。"小朋友们一定猜到这是哪种植物啦，没错，就是蒲公英。从春天到初秋，我们在山坡、草地、路边、田野、河滩等地方都能看到蒲公英，它们的叶片边缘有裂纹，像一把把锋利的小锯子。小花盛开时是黄色的，13~15 天后会像变魔法一样变成一只只由白色小伞聚集成的毛球，只要一阵风吹过，它们就会乘着风开始自己的旅程。

爱"睡觉"的蒲公英花

　　蒲公英为头状花序，顶端开着无数黄色舌状的小花。它们白天开放，傍晚时会向中心收拢，到了晚上会睡个"美容觉"。

蒲公英的种子

　　当"小绒球"随风飞走时，你就能看到蒲公英的棕色果实，这种果实叫瘦果。蒲公英的种子就藏在瘦果里。

蒲公英也能吃？

　　将蒲公英焯水后可以炒食、凉拌，还能用来泡茶喝。因为蒲公英含有利尿的成分，还被人戏称为"尿床草"。

漂亮的小"刺儿头"

蓟（jì），木兰纲，菊科，蓟属；草本

听名字你可能觉得蓟有些"高冷"，其实在我国大部分地区的山坡、路边、田间或溪旁都有蓟的身影，它们还是疗伤止血的上佳药草。别看那毛茸茸的小"刺儿头"其貌不扬，盛开的时候却十分惊艳，蓝紫色的迷你小花可爱又娇艳。不过靠近蓟时要小心，不要被它们的刺扎到哟。

蓟草也搭"顺风车"

蓟的果实在成熟后会长出许多茸毛，微风吹来，这些又小又轻的种子就能搭乘"顺风车"去寻找自己的新家啦。这种借风来传播种子的方法叫作"风力传播"。

胖胖的山萝卜

蓟的根十分粗壮，看起来有点儿像迷你版的萝卜，因此在一些地区蓟也被叫作山萝卜。

蓟会"再生术"？

蓟的叶子和根受伤后会流出白色的"血"，更神奇的是，当蓟的根被切断后，它的断面会慢慢"结痂"，然后萌发出新芽，继续生长。

谁的尾巴毛茸茸

狗尾草，木兰纲，禾本科，狗尾草属；草本

小朋友，你能想象吗，我们今天吃的小米竟然是由狗尾草驯化而来的，是不是很神奇？通常狗尾草生于荒野、道旁，是一种常见的杂草，小朋友们对这个童年"玩伴"一定不陌生，摘上几根狗尾草，编成兔子或是小狗的样子，简单又有趣。那些毛茸茸的"尾巴"虽然是绿色的，但其实是狗尾草的花序哟。

萌萌的"尾巴"们

狼尾草

虎尾草

兔尾草

除了狗尾草，"尾巴大家族"还有狼尾草、虎尾草和兔尾草呢！

狗尾草的果实

仔细观察狗尾草毛茸茸的穗，你会发现里面有一粒一粒的果实，这种果实叫颖果，是禾本科植物特有的果实。

良"莠"不齐

"良莠(yǒu)不齐"的"莠"指的就是狗尾草，当庄稼地里长出莠时，就需要将它们及时锄掉，因为它们会争夺土壤里的养分，造成庄稼减产。

芦苇森林

芦苇，木兰纲，禾本科，芦苇属；草本

在公园里的湖边、流水潺潺的小河边，或许你都曾见到过芦苇随风摇曳的身影。夏天微风吹过时，高大茂密的芦苇簌簌作响，清凉极了。到了秋天，芦苇会开出苇絮，像棉花一样蓬松柔软，天气晴朗时，在蓝天的映衬下非常漂亮。芦苇是维护水域生态的"卫士"，生命力极强，大面积的芦苇能够调节气候，利于形成良好的湿地生态环境，所以芦苇丛又有"禾草森林"之称。

给粽子"穿衣服"

到了端午节我们都会吃美味的粽子，粽子那层绿色的"外衣"就是芦苇的叶子哟。把芦苇的叶子摘下来煮一煮，就能制作好吃的粽子啦！

芦苇的"邻居"是香肠？

水里怎么还有香肠？其实那是芦苇的"邻居"——香蒲，长得像香肠的部位其实是它们的花序。

蒹葭苍苍

"蒹葭苍苍，白露为霜"中的"蒹葭"指的就是芦苇。早在古代，芦苇就已经进入人们的生活，编席、编绳甚至做乐器都少不了它们。

抱茎苦荬菜

抱茎苦荬菜，木兰纲，菊科，假还阳参属；草本

　　蒲公英有一个"亲戚"，不仅和蒲公英长得很像，连味道也很相似，这就是同样开着黄色小花的抱茎苦荬菜。辽宁、河北、山东等北方地区的小朋友对它一定不会陌生。抱茎苦荬菜像它的名字一样很能吃苦，是一种生命力很强的野生植物。抱茎苦荬菜的花期很长，春天和夏天我们都能看到它们的身影。

"抱茎"苦荬菜

　　你瞧，抱茎苦荬菜的叶子像线一样环绕在茎上生长，"抱茎苦荬菜"这个名字真是贴切呢。

尝一尝野菜

　　虽然有个"菜"字，但抱茎苦荬菜的口感并不好，嘴馋时想吃野菜的话，可以尝一尝和抱茎苦荬菜长得很像的苦菜。

火眼金睛

　　蒲公英和抱茎苦荬菜长得很像，蒲公英花的颜色比抱茎苦荬菜的花更加鲜艳一些；蒲公英的花是一朵一朵从植物基部生长出来的，而抱茎苦荬菜的花多长在茎枝顶端；另外，抱茎苦荬菜也比蒲公英更加能吃苦，我们在高海拔地区也能找到它们。

停泊的"蓝蝴蝶"

鸭跖（zhí）草，木兰纲，鸭跖草科，鸭跖草属；草本

　　快看，这丛碧绿的草尖上停着好多蓝色蝴蝶！原来这是鸭跖草，它们的花儿像一只只振翅欲飞的蓝色蝴蝶。鸭跖草喜欢水分充足的地方，常生于湿地。它们对阳光十分挑剔，当环境过阴的时候，它们的叶片会慢慢褪色；而当阳光过于强烈时，这些"蓝蝴蝶"又会被晒得萎靡不振。所以鸭跖草的花朵经常在清晨开放，下午便会凋谢。

鸭跖草不像鸭子

　　"薄翅舒青势欲飞"，这样仙气飘飘的植物除了叫鸭跖草，还叫"翠蝴蝶"和"竹叶菜"，是不是很形象呢？

强大的"再生术"

　　鸭跖草也会"再生术"，它们茎上的每一个节都能生出根来。如果你想种植鸭跖草，只要连茎带叶采下来插在水里或土里，它都能生根哟。

美丽的"蓝蝴蝶"

　　你瞧，鸭跖草那两片小小的花瓣就像蓝蝴蝶的翅膀，而花蕊则像蝴蝶的触须。仔细对比，鸭跖草和蓝蝴蝶是不是越看越像？

中国的"母亲花"——萱草

萱草，木兰纲，阿福花科，萱草属；草本

西方人在母亲节会为母亲送上一束康乃馨，其实，有一种更能体现中国传统文化的"母亲花"，它就是萱草。唐代诗人孟郊曾在《游子》这首诗里写道："萱草生堂阶，游子行天涯。慈亲倚堂门，不见萱草花。"在诗中，萱草代表了母亲对游子深深的思念。萱草一般有几十厘米到1米高，叶子又细又长，它们会在夏季开出明亮温暖的橘黄色花朵，像一个个小喇叭，优雅又可爱。

短暂的盛放

虽然萱草花开灿烂，不过它们往往早上盛开，傍晚就会凋谢，花期十分短暂，所以萱草又被称为"一日百合"。

黄花菜有毒？

萱草的"近亲"黄花菜是人人都爱的美味，不过新鲜花朵可是有毒的哟，干黄花菜吃起来才更安全。

忘忧草能忘忧吗？

萱草还有一个名字叫"忘忧草"，白居易曾在诗中写过"萱草解忘忧"，南朝文学家王融也曾用"思君如萱草，一见乃忘忧"来表达思念之情。

紫茉莉不是茉莉

紫茉莉，木兰纲，紫茉莉科，紫茉莉属；草本

　　紫茉莉给许多"80后"留下了美好的童年记忆，爱美的小女孩会摘下紫茉莉的花捣碎后染指甲，调皮的小男孩会采摘它的果实当作"子弹"玩具。因为花蕾形似茉莉花蕾，它们有了紫茉莉这个名字。其实，紫茉莉还有粉色、黄色和白色的呢。紫茉莉不爱阳光的照射，通常在傍晚到凌晨悄悄开放，白天多数时间则会静静地闭合。紫茉莉的故乡在热带美洲，到中国后多了许多接地气的名字，比如"晚饭花""胭脂花""地雷花"等。

萌萌的"小地雷"

　　瞧，紫茉莉的种子是长着褶子的"小地雷"，穿着绿色的"外套"。如果你把"小地雷"埋在地下，来年还有可能收获一株新的紫茉莉哟！

"拔丝"紫茉莉

　　轻轻拉一拉紫茉莉的花托处，就能有"拔丝"的效果哟，跟朋友试试，看谁拉的丝最长？

紫茉莉是化妆品？

　　紫茉莉还是天然的化妆品呢。紫茉莉的瘦果胚乳呈白粉质，可以制成脂粉；而且把紫茉莉的花瓣捣碎，加上50%的酒精，就可以当作指甲油涂在指甲上了。

幸运的"三叶草"

酢（cù）浆草，木兰纲，酢浆草科，酢浆草属；草本

如果酢浆草这个名字对你来说有些陌生，你一定听说过"三叶草"吧。在有水的公园里，我们经常会见到一大丛这种小可爱，每一株由3瓣心形小叶子组成。据说如果能发现4瓣小叶子的"四叶草"，就会变得幸运，因此酢浆草也有个名字叫"幸运草"。酢浆草开着黄色的小花，5片花瓣拼在一起，显得很俏皮，如果在公园遇见它们，别忘记跟它们拍合影哟。

它们爱"睡觉"

酢浆草的叶片和花朵对光线敏感，在光线较弱的阴天或是夜晚，它们会下垂合拢。等到光线充足时，它们会再度撑开，来一场"日光浴"。

酸溜溜的酢浆草

其实酢的意思就是"醋"，而且如果你把酢浆草的叶子放进嘴里嚼一嚼，会发现它们像醋一样是酸溜溜的呢。

蒴果"爆炸"啦

酢浆草的果实叫蒴（shuò）果，当它们成熟后，就会像爆炸一样向四面八方弹射自己的种子，"高速飞行"的种子就能迅速占领有利位置，生根发芽。

公园里的花花世界

　　对于植物们来说，公园就像一个小小的"赛场"，只有那些颜值高、爱整洁的选手才更受游客们的欢迎。它们有些色彩鲜艳，如殷红的杜鹃花、金黄的迎春花；有些姿态优美，如亭亭玉立的荷花；有些有迷人的香味，如芬芳馥郁的栀子花、暗香浮动的梅花……古代有很多诗人留下的诗词都与欣赏花草有关。当然，公园里的花草也是美貌与实力并存的，有一些可以食用甚至药用，最重要的是它们维持着公园里的生态平衡，让空气更清新，堪称内外兼修的优秀选手呀！

映日荷花别样红

莲，木兰纲，莲科，莲属；草本

还记得《西游记》中观音菩萨的莲花宝座吗？它的原型就是莲花哟。花型硕大、花色清新的莲花，也就是我们熟知的荷花，不仅是我国十大名花之一，也是世界级的"明星"呢。在公园里，荷花是最常见的主角，夏日里能看到荷花如画一般亭亭玉立，白色的、粉色的、紫色的，应有尽有。到了秋天，满满一池塘的莲蓬让无数人垂涎欲滴。嘘，别忘了在淤泥深处，还有人人都爱吃的莲藕在熟睡呢。

荷叶"洗澡"的秘密

如果把荷叶拿到显微镜下，你会发现荷叶上布满了无数瘤状突起，这些小突起能将比它们大得多的水珠托举起来，这样水珠就只能在荷叶上滚动，滚动的同时会吸附污泥和灰尘。

荷花的"粉丝群"

荷花的"粉丝群"十分庞大，宋代的杨万里是"头号粉丝"，他的"接天莲叶无穷碧，映日荷花别样红"和"小荷才露尖尖角，早有蜻蜓立上头"是小朋友们最熟悉的诗了。

"沉睡"千年的莲子

我国曾经出土过寿命超过千年的古莲子，经过科学家的努力，它们还萌发了呢。莲子在不适合生长的环境下，坚硬密闭的外壳会将种子牢牢包裹在里面，隔绝水汽，等到环境适宜种子才会重新萌芽生长。

霸气的水中"王者"

王莲，木兰纲，睡莲科，王莲属；水生草本

有一种水生植物的叶片竟然可以把小朋友托起来！它们就是王莲。王莲拥有世界上水生植物中最大的叶片，叶子的直径可达3米，叶片表面是绿色的，边缘卷起，看起来像一个浮在水面上的大盘子。"大盘子"看起来平整光滑，但背面凸起的紫红色叶脉之上却布满了尖刺。王莲的花朵跟巨大的叶片比起来就秀气了很多，一般只有3天花期，主要在晚上开放。

"大力士"的秘密

王莲叶片的承重能力可达60～70千克，秘密就在于叶子背面网状的叶脉，这些凸起的叶脉形成一个伞架的形状，将叶片像伞一样撑起来。王莲的叶片和叶脉里还有很多充满空气的空腔，具有很大的浮力。

藏在水里的"玉米"

开花后，王莲会在水下结出果实，每个果实里有200到300颗种子，这些种子富含淀粉，可以食用，被人们亲切地称为"水中玉米"。

王莲花的"美人计"

王莲开花的过程非常有趣，第一晚白花开放后，贪吃的小甲虫被花香吸引过来，在花朵闭合后会被困在里面，到第二晚粉花开放时才能出来。当浑身沾满花粉的小甲虫飞往其他王莲花的时候，就不知不觉地帮王莲花完成了传粉。而那朵被小甲虫"拜访"过的花颜色会变深，在第三天沉入水下，孕育果实。

凌寒傲雪一枝梅

梅，木兰纲，蔷薇科，李属；小乔木

当春天到来，许多家庭会一起去户外赏樱花，其实有一种比樱花来得更早、更能代表春天的花朵早已经悄悄开放啦，那就是与兰花、竹子、菊花并称为"四君子"的梅花。梅花是梅树的花朵，有很多不同的颜色，一般会在冬春时开放。除了赏花用的梅树，还有一种是食果用的梅树，小朋友们爱吃的酸酸甜甜的梅子就是来自这类果梅树。

叶子去哪里了？

与成簇开放的樱花不同，梅花一般是一朵一朵独自开放。而且梅树的叶子喜欢生长在温暖的环境下，所以梅树是先开花，花落后叶子才冒出小芽。

舌尖上的梅子

早在数千年前，人们就开始用梅树的果子来做酸味调料了。后来梅子渐渐"转型"，作为鲜果和各种蜜饯活跃在人们的舌尖上。

"一身正气"的梅花

梅自古以来就被中国人赋予高洁、坚韧的品格，梅的精神寓意穿越千年的时间长河，与我们相见。

你知道吗？

并非每种梅花都能在寒冷的冬天开放，最耐寒的有绿萼梅，而梅李杂交的美人梅要到三四月份才会开放呢！

蜡梅不是梅

蜡梅，木兰纲，蜡梅科，蜡梅属；灌木

  蜡梅和梅花名字中都带着一个"梅"字，但它们可不是"亲戚"。蜡梅是蜡梅科家族的成员，而梅花则属于蔷薇科家族。如果说谁更符合"凌寒独自开"的特质，其实蜡梅比梅花更合适，因为蜡梅更加不畏严寒，可以在真正的寒冬开放。你瞧，嫩黄色的花朵小巧又可爱，静静地挂在交错的树枝上，以隆冬的白雪做"外衣"，真有几分斗寒傲霜的风骨呢！

怕冷的叶子

  蜡梅的叶子比较怕冷，所以蜡梅和梅花一样也是先开花后长叶子。蜡梅的叶子是椭圆形的，摸起来的手感有点儿像柔软的皮革。

蜡梅也分"荤素"？

  蜡梅也分"荤素"，这里的"荤素"指的是花色，素心蜡梅的花瓣和花芯都是黄色，而荤心蜡梅的花瓣是黄色，花芯是紫色，比如狗牙蜡梅。

小心，有毒！

  蜡梅的果实小时候穿着绿中带红的"外衣"，长大后"衣服"会变成黄褐色。这种果实不仅不能吃，而且还有毒呢！

春天的"信使"

迎春花，木兰纲，木樨科，素馨属；灌木

第一朵让你发现春天到了的花一定是迎春花，迎春花是百花中较早与我们相见的，它们开放后就迎来了百花齐放的春天，所以迎春花被称为春天的"信使"。迎春花的故乡在中国的西北、西南等地，所以它们都是很"皮实"的花儿，能忍耐寒冷的气候早早开放。迎春花明艳的黄色非常引人注目，早在唐宋时期，迎春花就已经是著名的观赏花卉，也是许多诗词里的"常客"。

迎春花的小管子

— 花梗　— 花冠管

迎春花有一条细长的花冠管，花冠管上面就是花朵形状的黄色裂片。迎春花虽然枝条柔软，花朵单薄，但它不畏寒冷，象征着坚韧与美好。

野迎春不是迎春

迎春花有一个"近亲"是野迎春，故乡在我国温暖的南方地区，是一年四季都不落叶的常绿灌木。这两个"姐妹"长相十分相似，不过野迎春的花朵比迎春花要大一些。

"光杆司令"

迎春花是先开花后长叶的"光杆司令"，你经常能看到它长长的枝条挤满嫩黄色的花朵，像瀑布一样垂下来。

美貌与实力并存的连翘

连翘，木兰纲，木樨科，连翘属；灌木

在伤风感冒的时候，妈妈常常会给小朋友吃一种感冒药叫"双黄连口服液"，里面有一种中药成分——连翘。连翘不仅能做药材，花朵的颜值也非常高。在北方的花园中，连翘经常被种成一排一排的，枝条长长地垂在地上，连翘花盛开后，远远看过去就像一堵金色的墙壁。连翘花和迎春花有些相似，它们都在早春开放，为早春的萧瑟增添一抹亮色。

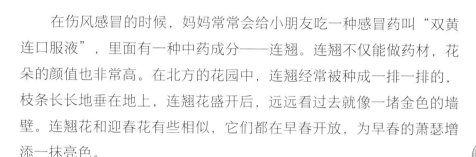

花儿为什么是黄色？

为花朵传粉的任务大多是由小昆虫们承担的。黄色是许多早春活动的小昆虫喜欢的颜色，所以早春开放的花大都是黄色的。

你知道吗？

相传一位名医叫岐伯，有一天他在试药时不幸中毒了，他的孙女连翘急中生智，抓起身边的叶子喂给岐伯，竟救了岐伯的命。后来岐伯发现这神奇的叶子有清热解毒的作用，便把这种叶子记录到了中药名录，并取名为"连翘"。

火眼金睛

迎春 —— 连翘

迎春花与连翘的花朵都是黄色的，不过仔细观察，你会发现它们其实很好区分，迎春花一般有5~6片裂片，而连翘只有4片。

果实是药材

连翘的果实属于蒴果，它一端是尖的，形状像鸟的嘴巴。将连翘的果实晒干，除去杂质后就是药材了。

热情的扶桑花

朱槿，木兰纲，锦葵科，木槿属；灌木

如果花朵有性格，最热情爽朗的应该就是扶桑花了。扶桑也叫朱槿、状元红，它是马来西亚、苏丹和斐济共和国的国花。扶桑在中国的栽培历史悠久，早在先秦的《山海经》中就记载着"汤谷上有扶桑"。现在我国的扶桑大多生活在南方地区。它们是百花中的"小劳模"，几乎全年都在开放，花朵的颜色也不止红色，还有粉色、橙色、白色等颜色。

"内心"纤细的扶桑花

别看扶桑花外表热情，"内心"却很纤细。它们的花蕊中心伸出了一根细长的小柱子，柱子上布满了精致小巧的雄蕊，柱子顶端则是几颗毛茸茸的雌蕊，精巧又可爱。

精致的"小吊灯"

想让自己的卧室更漂亮吗？那就来一盏扶桑"吊灯"吧。吊灯扶桑又叫吊灯花，它们细长的花瓣向上卷曲着，中心9~10厘米的"小柱子"长长地垂下来，酷似一盏精致的吊灯。

栀子花开

栀子，木兰纲，茜草科，栀子属；灌木

要问谁的花香最"高调"，栀子花一定是其中之一。每年的5月到7月，栀子花开后，香气甜蜜浓郁，从栀子花丛走过，连空气都是香的呢。栀子花在南方地区很常见，叶片翠绿，四季常青，纯白可爱的花朵点缀其中。现在我们最常见的是重瓣的栀子花，如"白蟾"，它们比单瓣白花更加精致。除观赏外，栀子的花、果实、叶子还可以作为药材使用呢。

果实是"高脚杯"

栀子的果实是橘黄色的浆果，椭圆形，果实上有5~9条纵棱，像一个个倒扣着的小高脚杯，干燥处理后就是常用的中药。

小昆虫也爱栀子花

甜香的栀子花是各种小昆虫的最爱，常在栀子花上的小黑虫是蓟马，通常还伴有红蜘蛛。如果要养栀子花，一定要精心护理哟。

舌尖上的栀子花

栀子花其实还能吃哟。在宋代的一部食谱《山家清供》中，就记载了一道用栀子花做出的端木煎，这道菜就是用栀子花裹上面粉炸出来的。

"百花之王"牡丹

牡丹，木兰纲，芍药科，芍药属；灌木

如果评选国花,你会投谁一票呢？相信不少人都会选择牡丹。"唯有牡丹真国色，花开时节动京城"，刘禹锡的这两句诗说明了牡丹在中国文化中的地位。牡丹是中国特有的木本名贵花卉，自古以来在百花中都最为瞩目，早在隋朝，牡丹就被"请"进了皇家园林，到了唐代，上自皇家，下至百姓，都被牡丹的魅力倾倒。牡丹渐渐成为和平、幸福、富贵的象征，被誉为"国色天香""花中之王"。

花中二绝

芍药与牡丹被称为"花中二绝"，它们长得也很相似。不过牡丹是木本植物，而芍药是草本植物，观察它们的茎就能很好区分。另外牡丹的叶片像鸭掌一样，前端三分之一处有分裂；而芍药的叶片像鸡爪一样，是完全分裂的。牡丹的花一般都是单朵独生，花型较大，而芍药的花是一个或者多个顶生，而且花型相比牡丹较小。

美貌与实力并存

牡丹是一种美貌与实力并存的花。除了观赏，牡丹还能"变身"成牡丹饼等各种糕点登上我们的餐桌，一些油用牡丹的种子还可以榨油呢！

一起去赏花吧

每年的4月是赏牡丹的好时节，我国的菏泽和洛阳两地是有名的赏牡丹胜地，小朋友们有机会可以去一饱眼福哟。

小野菊的"逆袭"

菊花，木兰纲，菊科，菊属；草本

　　菊花家族可是一个大家族，它们的祖先只是毫不起眼的小野菊，经过杂交以及千百年的人工选育，它们逐渐形成了现在姿态万千的样子。在古代的文人墨客眼里，菊花代表隐居、淡泊的心志。不过人们最早注意到菊花是因为一个字——"吃"，最早菊花以食用和药用为主。后来菊花品种开始增多，获得了越来越多人的喜爱，在中国文化中的地位也渐渐上升，与梅、兰、竹并称为"四君子"。

有趣的舌状花

　　菊花的舌状花各有不同，有的形状像汤匙，有的则像吸管，形状各异，有趣极了！

泡一杯菊花茶

　　菊花可以怎样食用呢？最常见的就是泡茶，我们用来泡茶的菊花主要有6种，分别是来自浙江的杭白菊和德菊，来自安徽黄山的贡菊、亳州的亳菊、滁州的滁菊，以及来自四川的川菊。

你知道吗？

　　菊科的"一朵花"其实是由两种小花构成。外面是舌状花，负责吸引小昆虫；中间是像米粒一样的管状花，专门负责"传宗接代"。这样明确的分工使菊花的传粉效率非常高。

漫山开遍映山红

杜鹃，木兰纲，杜鹃花科，杜鹃花属；灌木或乔木

　　杜鹃花的家族也很庞大——既有 20 米以上的大乔木，也有 10~20 厘米高的小灌木，开出的花更是各有特色。全世界大约有近千种杜鹃花，中国的杜鹃花就有超过 500 种，是世界上杜鹃花自然分布最多的国家。在中国历史上，杜鹃花最有名的"资深粉丝"应该就是大诗人白居易了，他不仅钟爱杜鹃，还要把杜鹃千里迢迢地移植到自家庭院，几经努力才终于成功。

杜鹃花爱热闹

　　杜鹃花 4~5 月开花，它们总是好几朵热热闹闹地一起簇生在枝头。花的形状是漏斗形，花冠有红色、粉红、白色等颜色。

果实有毒！

　　蓝莓和蔓越莓都是杜鹃花科植物的果实，但也有很多杜鹃花科植物的果实是有毒的，小朋友们可不要随便吃哟。

锦绣杜鹃

漫山开遍映山红

　　杜鹃花开的时候，整座山丘就像笼罩着一层红色的雾，所以杜鹃花又叫映山红。

绣球花不是绣球

绣球，木兰纲，绣球花科，绣球属；灌木

在婚礼上，有一道婚俗叫"抛绣球"，圆溜溜的绣球落到谁手里，就会给谁带来好运。植物中也有"绣球"，绣球花长在枝条的顶端，由许多小花组成，它们团在一起形成一个"大绣球"，绣球花因此得名。绣球花会在夏季开花，花期有 3 个月左右，盛开时花丛中无数"花球"竞相开放，十分美丽。不过，看起来像一团棉花糖的绣球花可是有毒的哟，小朋友们千万不要误食。

仙气飘飘的"八仙花"

传说有一天八仙正在野餐，何仙姑见山上风景如画，便在山上撒下花的种子。第二年，山上便开满了八色鲜花，后来人们就把这座山称为"八仙山"，将绣球花称为"八仙花"。

绣球花不是花？

"绣球"上的每一朵小花都有 4 个"花瓣"，其实这是它的花瓣状花萼，是一种"变态叶"。在萼片中间那不起眼的"小点"才是绣球的花呢。

绣球花会变色

绣球花受土壤酸碱度影响，在酸性土壤中花呈现蓝色，在碱性土壤中花为红色。幸运的话，你还能看到梦幻的"渐变色花球"呢。

江南第一花——玉簪

玉簪，木兰纲，天门冬科，玉簪属；草本

相传王母娘娘在瑶池宴请群仙，仙女酒醉后不慎将头上的玉簪掉落人间，玉簪落地生根，便成了玉簪花。你瞧，含苞待放的玉簪花是不是很像白玉簪子呢？玉簪是典型的耐阴植物，喜欢阴湿的环境，它们个头约有几十厘米高，叶片是宽大的心形或卵圆形，看起来十分漂亮。还没有完全开放的花苞像一个个白玉色发簪，盛开后，洁白如玉的花朵像一只只小喇叭，散发着清香。

玉簪花是"夜猫子"？

"害羞"的玉簪会在傍晚至夜间悄悄开放，而且会散发浓郁的香气，这是为了吸引夜间活动的小昆虫来为它们传粉。

巨无霸玉簪花

玉簪有一种品种叫巨无霸玉簪花，这种玉簪花的叶子能长到30厘米宽呢，算得上是玉簪花中的大块头了。这种大型玉簪品种基本以观赏叶子为主。

紫萼

玉簪的"克隆术"

在温度较低的北方，玉簪主要以"分株繁殖"为主，也就是从原来的植株上分离出完整的根、茎、叶进行栽培，从而"克隆"出新的小玉簪。

美丽而神秘的地涌金莲

地涌金莲，木兰纲，芭蕉科，地涌金莲属；草本

你瞧，地涌金莲金灿灿的"花朵"直接生在层层假茎的顶端，像不像是从地面涌出来的呢？乍看之下，地涌金莲和莲花还真有一点儿像，因此它还有个名字叫千瓣莲花。别误会，它和莲花可没有亲缘关系。不过它们有一个芭蕉科"亲戚"，你一定很熟悉，那就是香蕉。这种美丽而神秘的花在我国的云南地区比较常见，它们喜爱阳光，在温暖的南方地区花朵能盛开半年之久呢。

怕冷的地涌金莲

地涌金莲喜欢生长在温暖的南方地区，如果想在北方地区养殖它们，不妨试试盆栽吧。到了冬天一定要记得带回室内哟。

黄色"花瓣"不是花？

地涌金莲的黄色"花瓣"其实是它的苞片，是一种"变态叶"。这些美丽的苞片由外向里层层开放，像是花瓣一样，其实它们真正的花娇小而柔嫩，藏在苞片里面。

地涌金莲还能吃？

把外面的几层苞片剥掉，中间的嫩白色部分切碎腌制后既可以炒食也可以炖肉。

美丽而危险的"环保卫士"

夹竹桃，木兰纲，夹竹桃科，夹竹桃属；灌木

有一种美丽的植物，叶子像柳叶，花却像桃花，这位"混血儿"就是夹竹桃。夹竹桃的花朵有纯白色、浅红色、深红色等，盛开时会散发清新的香味。夹竹桃的花期很长，在温暖的地方一年四季都能开花，所以它们是很优秀的观赏植物，无论是私家庭院、道路两侧还是公园，都有它们的身影。

美丽却危险

夹竹桃的叶子、花和果实中都含有多种有毒物质，毒性很强，所以在欣赏它们的时候也要保持距离。

"环保卫士"

我们经常能在公路、铁路、工厂附近这样空气污染严重的地方见到夹竹桃的身影，因为夹竹桃能吸附空气中的粉尘，净化空气，是当之无愧的"环保卫士"。

什么？它们不怕毒？

夹竹桃的毒素让许多动物望而却步，不过有一些小昆虫却勇敢而机智，比如夹竹桃天蛾，它们不仅以夹竹桃为食，还会在体内储存夹竹桃的毒素来抵御天敌呢。

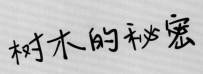

树木的秘密

　　在地球上，有这样一个群体，它们不会说话，不会动作，更不会移动自己的身体，但它们用自己的方式表达着对生命的热爱和眷恋，这就是植物。我们一般将具有木质茎干的木本植物叫作树，而木本植物根据高度、形态的不同还可以分成乔木、灌木、半灌木三种，我们平时所说的"大树"就是乔木。乔木和其他的植物相比最大的特点就是它有一根直直的主干，也就是树干，树干上端分出无数支干，树叶就长在这许许多多的小枝上，形成各种形状的树冠。不同的树就像样貌和气质都各不相同的士兵一样，守卫着我们的地球家园！

"活化石"银杏树

银杏，松纲，银杏科，银杏属；落叶乔木

　　深秋时节，街道两侧高大的银杏树就像被施了魔法似的，叶子都变成了金黄色。树形高大的银杏树最高可以长到 40 米，经常被用作城市的行道树。其实，银杏树是现存的最古老的"活化石"植物之一，它们的祖先早在两亿多年前就活跃在地球上了。银杏树的寿命往往很长，可达上千年。

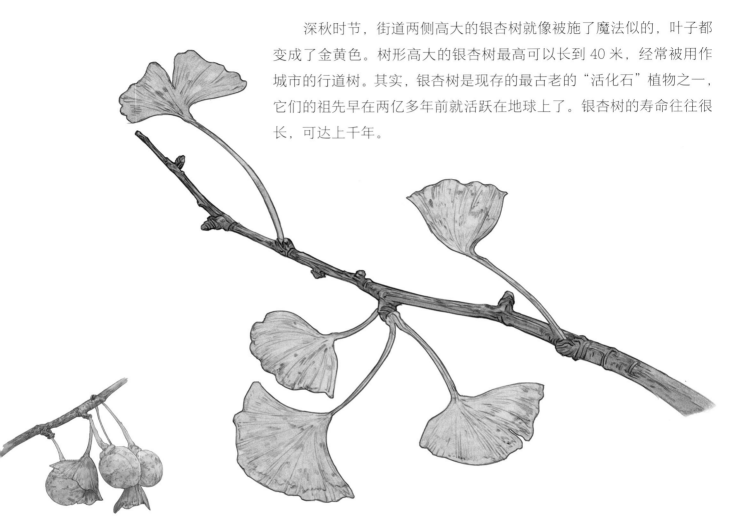

"小果子"有毒别贪嘴

　　银杏树挂在枝头的"小果子"是它的种子，这些闻起来臭臭的种子含有毒物质，必须煮熟后或制成蜜饯才能食用。

守护银杏树

　　虽然平时我们经常能看到银杏树，但是野生的银杏树却十分稀少，因此银杏目前是受保护的濒危植物。

银杏树上有"鸭掌"

　　银杏还有一个名字叫"鸭掌树"。看看它们的叶子，是不是有些像鸭掌呢？

五月槐花香

槐，木兰纲，豆科，槐属；落叶乔木

炎热的夏天，如果你看到一串串洁白的花朵像葡萄一样从高大的树上垂下来，不用怀疑，那一定是国槐。槐树姿态高大优美，高的能长到 25 米，是绿化环境的"小能手"，常常作为行道树种植在道路两旁，或是种在庭院中供人观赏。槐树的槐花通常带有香味，颜色白绿相间，淡雅可爱。槐树的种类有很多，比较常见的有国槐、洋槐还有紫花槐。

国槐花

紫花槐花

洋槐花

国槐的槐花一般是药用，能制作美食的槐花来自洋槐，也叫刺槐。另外，还有一种槐树会开粉色或紫色的花，那就是紫花槐，常用作观赏。

小叶子，大树冠

国槐的叶片是羽状复叶，椭圆的小叶片并排在叶轴两侧，整个叶片看上去像一片羽毛。这些小巧的叶子在槐树上茂密生长，形成了可以遮阴的大树冠。

"吃"槐花

清香的洋槐花可以制作各种美食，香喷喷的槐花饭，甜香可口的槐花酱，还有美味的槐花饼。我们常吃的槐花蜜也来自洋槐哟。

美丽的槐花项链

请问，你是枫叶吗？

元宝槭，木兰纲，无患子科，槭树属；乔木

　　深秋季节，很多落叶乔木的叶子颜色都变得格外好看，枫树也是一样，千古名句"霜叶红于二月花"里的"霜叶"指的就是经霜变红的枫叶。枫树也叫槭树，是槭树科槭树属植物和蕈树科枫香树属植物的泛称。它的分布范围广阔，遍布亚洲、欧洲及美洲，高度从几米到十几米不等。不同的枫树叶片形状也有所不同，比如元宝枫和五角枫的叶子裂成 5 个角，而三角槭则裂成 3 个角。

枫树"大家庭"

　　常见的枫树种类有元宝枫、鸡爪槭、三角槭、五角枫和枫香树等。

果实有"翅膀"

　　枫树中的槭属植物能结出带有"翅膀"的果实哟，它们两枚一组，每组果实都有一对"翅膀"，当它们下坠的时候，这对"翅膀"就会像直升飞机一样旋转起来，把果实带向远方。

一起制作枫叶书签吧

　　枫叶到了秋天有的变红，有的变黄，十分好看，可以用来制作书签、标本。

"钢铁战士"赛黑桦

赛黑桦，木兰纲，桦木科，桦木属；落叶乔木

你相信树木可以比钢铁还硬，以至于让砍刀都断裂吗？据说赛黑桦就是这样厉害的"钢铁战士"。赛黑桦也叫铁桦树，非常高大，可以长到 20~35 米呢。赛黑桦可以说是世界上最坚硬的树木之一，它的木材甚至可以代替钢铁使用呢。赛黑桦生长在海拔 700 米以上的高山上，不过现在野生的赛黑桦已经很稀少了，如果你想一睹它们的风采，可以去吉林省和辽宁省寻找它们的影子。

—— 铁桦树的种子

"钢铁战士"稀少的秘密

赛黑桦虽然能活三百多岁，却生长得很慢，人们的过度砍伐使它们消失的速度远快于生长的速度。现在我们看到的赛黑桦大多是人工种植的。

"外套"很脆弱

虽然赛黑桦木质很坚硬，但它们黑褐色的树皮却很容易就能从树干上被扯下来，到了冬天它们甚至会自己从树干上脱落。

铁桦树可以用来制作水杯。

沾水不会湿?

赛黑桦木材密度非常大，它们落水后不会像其他木头一样浮起来，而是大部分会沉入水中。而且，即使长时间在水中浸泡，它们内部依旧能保持干燥哟。

31

合欢树会"克隆术"

合欢，木兰纲，豆科，合欢属；落叶乔木

　　如果你经过一棵高大的散发着清香的树，而且满树都是粉红色绒花，那就是合欢树了。合欢的花并不是一瓣一瓣的，而是一个绒球，所以它们又叫绒花树。合欢树是乔木里的"高富帅"之一，它们树冠开展，而且可以长到 16 米高呢。合欢树的寿命不长，一般不会超过 50 年，不过它们可是会"克隆术"——根部会在主干枯死之前萌发出一大片小苗，在数年内就能长到主干那么大。

叶子会"害羞"？

　　合欢的叶子有点儿像含羞草，有"感夜性"，也就是说到了晚上合欢的叶子会闭合，两边的小叶子也会下垂，合拢到一起。

合欢树上的"绒球"并不是它的花瓣，而是细长的花丝。

果实不是扁豆

　　合欢属于豆科，你看它的果实是不是很像我们吃的扁豆？

送你一朵小粉花

　　合欢在我国有吉祥的含义，而且还有"合欢蠲（juān）忿"的说法，意思是合欢花可以消除忿怒，使人和好如初。小朋友，如果你和好朋友吵架了，就送他/她一朵合欢花吧！

雨林"巨人"——望天树

望天树，木兰纲，龙脑香科，柳安属；常绿乔木

如果要评选"个子"最高的树，生活在云南的望天树一定是名列前茅的选手。它们最高可达 80 米，相当于二十多层楼那么高呢。望天树不仅高，树冠也很宽大，像一把张开的巨型雨伞。和赛黑桦一样，望天树也是一种质地非常坚硬的木材，因为纹理美观，以前常用来制作高级家具，但现在望天树已被列入国家一级重点保护野生植物。对于国家保护植物，我们应该做到不滥砍滥伐，小朋友们在观赏的时候也不要随意采摘哟。

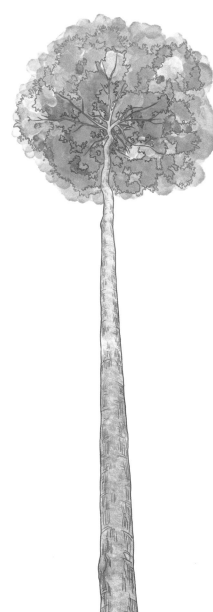

望天树的花 ——————

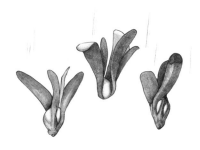

种子去过太空?

望天树的种子长着"翅膀"，迎风飞翔。飞到哪片土地，就在哪里扎根生长。它们还曾经搭乘"天宫一号"飞上过太空呢!

望天树的迷你小花

望天树一般在 5~6 月份开花，花朵开放时有香味，跟巨大的树比起来，这些黄白色的小花显得很迷你。

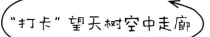

"打卡"望天树空中走廊

在西双版纳望天树景区，有惊险刺激的世界第一高树冠空中走廊，既能与望天树亲密接触，又能俯瞰雨林的神奇景色，吸引着无数游人前来"打卡"。

观察笔记：小豌豆的奋斗史

记录：小小的一粒豌豆，拥有大大的能量。豌豆从发芽到长大、成熟，经历了春、夏两个季节，在夏末秋初结出挂满枝头的豆荚。

我的观察笔记

一粒翠绿的豌豆，是怎样一点点长大的？它长大后，是什么样子的？我很好奇，带着这两个问题，我体验了一把农民伯伯的感觉。

第一步，把豌豆泡在温水里，准备几张湿纸巾，把种子摆在上面。

第二步，经过2~3天的时间，发现豌豆的一端伸出一条白色的"小尾巴"，这是豌豆根。

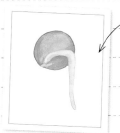

第三步，把萌发的豌豆放进土壤里，没过几天它就扎根生长啦！上面还长出来了绿油油的叶子，吸收太阳的能量，为豌豆苗提供养分。

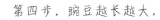

第四步，豌豆越长越大，叶片越来越多，根茎越来越粗壮。在6~7月的时候，会开出可爱的紫色花朵。

第五步，紫花凋谢，生出了豌豆荚。荚果一开始扁扁的，里面的豌豆只是个雏形。慢慢地，荚果的形状越来越长，也越来越鼓，变成一个塞满豌豆的长椭圆形的"小宝袋"。

就这样，一粒小小的豌豆完成了它的使命，像变魔术一样，变出来好多好多豌豆。种子真是太神奇啦！

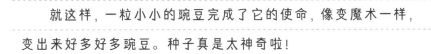

观察笔记：帮助传粉的小生灵们

记录：

　　在自然界里，有一些植物可以自己完成授粉，如大豆、豌豆；有些需要借助风，如大麦、小麦、杨树、柳树；也有一些花需要依靠动物来帮忙。

　　这些可爱的动物主要有蜜蜂、蝴蝶、金龟子、飞蛾等，还有小小"飞行家"——蜂鸟，也是功不可没的花粉搬运工。

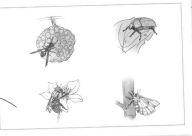

　　这些传粉的使者与花朵之间是互惠互利的关系：

　　动物们需要吸食花蜜来填饱肚子，在吸食花蜜的过程中，花粉会黏在它们的腿上、身上、翅膀上。

　　当这些传粉者飞到同种植物的另一朵花上，授粉的工作就完成了，植物得以延续繁殖。

观察笔记：大熊猫的最爱

记录：

　　有一首公益歌曲《熊猫咪咪》是很多小朋友的爸爸妈妈的童年记忆，这首歌述说了一段悲伤的故事。20世纪七八十年代，四川的竹子大片开花，开花后的竹子就会逐渐死亡，这造成了大熊猫的"粮食危机"，许多大熊猫的生存受到了威胁。

　　歌曲表达了人们对大熊猫宝宝的安慰和探索竹子开花规律的决心。

　　竹子是大熊猫的最爱，常见的竹子有箭竹、箬竹、紫竹、刚竹等，作为大熊猫主食的竹子有冷箭竹、八月竹、筇竹等。

生长速度惊人的竹笋，则是人类餐桌上的美食。

　　事实上，我们通常很难见到竹子开花，因为它的花期不固定，一般要很长时间（数年、数十年乃至百年以上）才会开花。许多竹子终生只开一次花，开花意味着它生命的终结，只留下种子（竹米）再度繁殖。

致谢

　　《藏在身边的自然博物馆》是原创的科普百科绘本，它的每一个字、每一幅画，都是"纯手工打造"。

　　两位主编是对科普创作抱有极大热忱的老师，长久以来，他们在各自的岗位上不遗余力地向少年儿童传播科学知识和科学精神。此次能够合作出版这系列体系庞大、知识面广泛的图书，依赖平时经验的积累，他们是希望借此触达更多孩子，启发孩子的科普兴趣，培养孩子的探索精神。

　　美术指导宋瑶老师带领的北京科技大学插画团队，历时2年多，用一笔一画描绘了大自然的鬼斧神工。

　　两位作者都是资深的童书作者，也是大自然的探秘者、动植物的爱好者。她们用一字一句勾勒了动物和植物的灵魂。

　　同时，下面这些人在《藏在身边的自然博物馆》的成功启动上起到了关键的作用。他们在科普知识的梳理上及在文字的反复雕琢上，都费尽了心血。他们有的是专门的动、植物研究人员，有的是青少年科普活动的组织者，有的是活跃在基础教育战线的实践者。在此，郑重对他们表示感谢：首都师范大学教师宋傲修，中国科学院植物研究所博士费红红、张娇、吴学学、单章建，中国林业科学研究院硕士肖群瑶，华中农业大学博士李亚军，北京林业大学硕士滕雨欣、学士石安琪。

　　《藏在身边的自然博物馆》在这样一个优秀团队的努力下，用这种图文并茂的方式呈现给小读者，希望能够激发大家观察自然、探索自然的兴趣，滋养热爱自然、保护自然的情怀。